点亮科学梦想

趣味科学实验

朱 英 王燕杰 刘栖熙 林龙云 编著

闫兴洁 绘

中国科学技术出版社
·北 京·

图书在版编目（CIP）数据

点亮科学梦想 . 趣味科学实验 / 朱英等编著；闫兴洁绘 . -- 北京：中国科学技术出版社，2023.3

ISBN 978-7-5236-0122-8

Ⅰ.①点… Ⅱ.①朱… ②闫… Ⅲ.①科学技术—创造教育—中小学—教学参考资料 Ⅳ.① G634.73

中国国家版本馆 CIP 数据核字（2023）第 053404 号

丛书编委会

主　编	王惠义	叶　强			
副主编	朱　英	韩小汀	魏　茜	王　硕	方泽华
编　委	刘朋举	赵芮箐	郭雨欣	石婧怡	贠启豪
	张严文	武相铠	孔博傲	吴祁颖	王晓情
	刘杨杨	高德政	王燕杰	刘栖熙	林龙云
	罗吴迪	尹月莹	刘家祥	张子言	张馨于
	祁子欣	王梓硕	任明煦	卢嘉霖	张学文
	殷博文				
绘　画	王葳蕤	李　敏	闫兴洁	周明月	岳安达

序

  这是一套关于科技创新教育的科普读物，主要面向中小学生，以"启蒙—探索—创意—实现—发展"的科学思维培养路径为主线，以科学素养的技能培训为辅线，培养学生发现问题、分析问题和解决问题的能力。习近平总书记曾经在科学家座谈会上指出："好奇心是人的天性，对科学兴趣的引导和培养要从娃娃抓起，使他们更多了解科学知识，掌握科学方法，形成一大批具备科学家潜质的青少年群体。"因此，组织开展丰富多彩的科学普及活动，系统传授与创意、创新、创造相关的理论和方法，将有助于增强青少年的科学素养与创新意识，点亮孩子们心中的科学梦想。

  2018年夏，在中国科学技术协会的指导和支持下，北京航空航天大学启动了"北航大学生科技志愿服务队"的组建工作。作为首都高校科技志愿服务总队的首批成员，北航大学生科技志愿服务队先后赴山西省吕梁市的中阳县阳坡塔学校、临县南关小学和临县四中等学校，举办中小学生的暑期科创训练营活动，出队队员累计200余人次，惠及山区中小学生近400人次。为了帮助志愿服务队的队员们系统掌握与科普、科创教育相关的理论和方法，我们还创建了面向北京航空航天大学全校本科生的通识课程"大学生社会实践：面向乡村中小学的科创教育"。在连续多年的理论培训和出队实践中，志愿服务队的老师和同学撰写了10多万字的讲义资料，而这套科普丛书正是从这些讲义中凝练出来的。

  按照课程的框架体系，丛书分为5个分册。其中，《创意设计思维》旨在帮助同学们聚焦学习和生活中的痛点问题，关注相关领域的科技前沿成果，掌握创意设计的基本原理与方法。《数据分析思维》既可以配合创意过程中的调查研究工作，也可以提高同学们的数据可视化能力和计算机操作技能。《趣味科学实验》将通过探究生活中的一些有趣现象，增强同学们对未知世界的好奇心和探索能力。《信息素养通识》是要在创意研究过程中，带领同学们学习运用互联网检索文献资料，并学会报告撰写、演示文稿（PPT）制作，以及路演展示。而《生涯规划启蒙》将帮助同学们领悟学习的意义，带领他们满怀热情地出发，在未来遇见更好的自己。

激发青少年的好奇心和想象力，增强他们的科学素养和创造未来的能力，对加快建设科技强国和夯实人才基础具有十分重要而深远的意义。笔者真诚期望通过该科普系列读物的编写和出版，能进一步助力大学生以科技志愿服务来赋能青少年科创教育，在服务国家需求和助力乡村振兴的事业中做出更大的贡献。同时，衷心希望通过这套丛书，可以点亮孩子们心中的科学梦想，激发他们的好奇心和想象力，增强他们的科学兴趣和创新能力。期待每一个孩子都会惊奇地发现"自己也可以是一颗发光的星"！

北航大学生科技志愿服务队在历年的出队过程中，得到了中国科学技术协会、北京航空航天大学、首都高校科技志愿服务总队、中国科学技术馆、中国科学技术出版社、吕梁市政府、中阳县政府、临县政府，以及中阳县阳坡塔学校、临县四中、临县南关小学的大力支持。在本书出版之际，作者愿借此机会，向所有支持和帮助我们的领导、老师和朋友们表示衷心感谢！

北航大学生科技志愿服务队
2022 年 10 月

前言

科学实验是学生认识自然、学习自然、发展科学思维的有效途径。它源于生活、服务于生活，并蕴藏着丰富的创新教育素材，为学生架起一座通向科学的桥梁。

本书立足于生活中的一些有趣、美妙的化学和物理学现象，以手绘本的形式展示实验原理、操作步骤、创意思考等内容。通过使用生活中常见的实验材料，带领同学们学习和实践一些有趣的科学实验，帮助同学们了解现象背后的本质，形成对科学的初步认识，积极探索生活中各种有趣的现象，保持对新鲜事物的好奇心，激发探索精神。

本书分为趣味实验、大气压、物态变化、表面张力、酸与盐的反应、显色反应、氧化还原反应等部分，带你一起描绘杯中的彩虹、发现鸡蛋的"缩骨"大法、了解从天而降的晶体、制作洗洁精小船、探寻奇妙的色彩化学等。你心动了吗？

同学们，美妙的科学实验之旅就要开始了！接下来，就请跟随我们一起，亲手完成这些神奇的科学实验吧，加油！

目录

1 趣味实验
1.1 杯中彩虹……………2
1.2 非牛顿流体………8

2 大气压
2.1 瓶吞鸡蛋…………12
2.2 不湿的纸巾………16
2.3 倒不出的水………19
2.4 蜡烛抽水机………22

3 物态变化
3.1 神奇的干冰………29
3.2 云的形成…………32
3.3 再现指纹…………36
3.4 自制天气瓶………39
3.5 从天而降的晶体…43

4 表面张力
4.1 自制泡泡溶液……50
4.2 洗洁精小船………55
4.3 神奇的牙签………58
4.4 不沾水的表面……61

5 酸与盐的反应

5.1 熄灭的蜡烛………66
5.2 漂浮的鸡蛋………69
5.3 自制碳酸饮料……73
5.4 小象牙膏…………77

7 氧化还原反应

7.1 食物中的维生素C…99
7.2 "流血"的铁心……103
7.3 碘钟反应…………107
7.4 蓝瓶子实验………111

6 显色反应

6.1 自制酸碱指示剂…84
6.2 会变色的花………88
6.3 "蓝"土豆…………92
6.4 "善变"的字………94

科学

1 趣味实验

科学与我们的生活息息相关。我们在生活中看到的很多现象都是物理变化或化学变化形成的，比如铁钉生锈、蜡烛的燃烧等。它们作为实验科学，不仅仅有理论知识，也有很多实验作为支撑。

在本章，我们将通过2个精彩、有趣的科学小实验作为引入，带大家一起走进科学的世界。希望大家在完成这两个小实验后，能够感受科学的奥秘与精彩！

1.1 杯中彩虹

难度系数：★★☆☆☆

你看，
它们多像彩虹呀！

1.1.1 看一看

实验原理

不同的液体有不同的密度，利用液体的不同密度可以形成分层。同等体积下，密度大的液体比密度小的液体重，因此密度小的液体就会位于密度大的液体之上。

在本次实验中，主要采用蔗糖溶液，向相同体积的水中加入不同质量的蔗糖，形成不同浓度的蔗糖溶液，蔗糖溶液的浓度越大，密度越大。将低密度的蔗糖溶液缓慢加入盛有高密度蔗糖溶液的杯中，由于蔗糖溶液的密度不同，在杯中会观察到液体分层形成的"杯中彩虹"。

1.1.2 做一做

1) 你要准备

玻璃杯（6个）    吸管（6只）    颜料（6种不同颜色）

透明塑料杯 　　　　　白砂糖 　　　　　　小勺

2) 操作步骤

（1）分别向6个玻璃杯里倒入等体积的水（约半杯）。

（2）按浓度从低到高的顺序依次向玻璃杯中加入1勺、3勺、5勺、7勺、9勺、11勺白糖，搅拌均匀。

（3）向上述6个玻璃杯中依次加入一滴不同颜色的颜料，得到有颜色的白糖水。

（4）按照糖水溶液浓度从高到低的顺序，依次将浓度低一些的糖水溶液倒入盛有高浓度糖水溶液的透明杯中，静置观察分层现象。（注意：在倒入液体时，要将吸管下端置于液面上用于引流，避免与杯中液体混合，无法出现分层现象）

3）注意事项

倒糖水液体时要让杯子倾斜，且要缓慢地倒入，否则颜色会混合在一起，导致最后无法得到明显的分层彩虹现象。

1.1.3 想一想

除了蔗糖的浓度，还有什么因素可以让不同颜色的液体分层？

1.1.4 实验记录

把你的实验现象记录下来,与家人朋友分享吧!

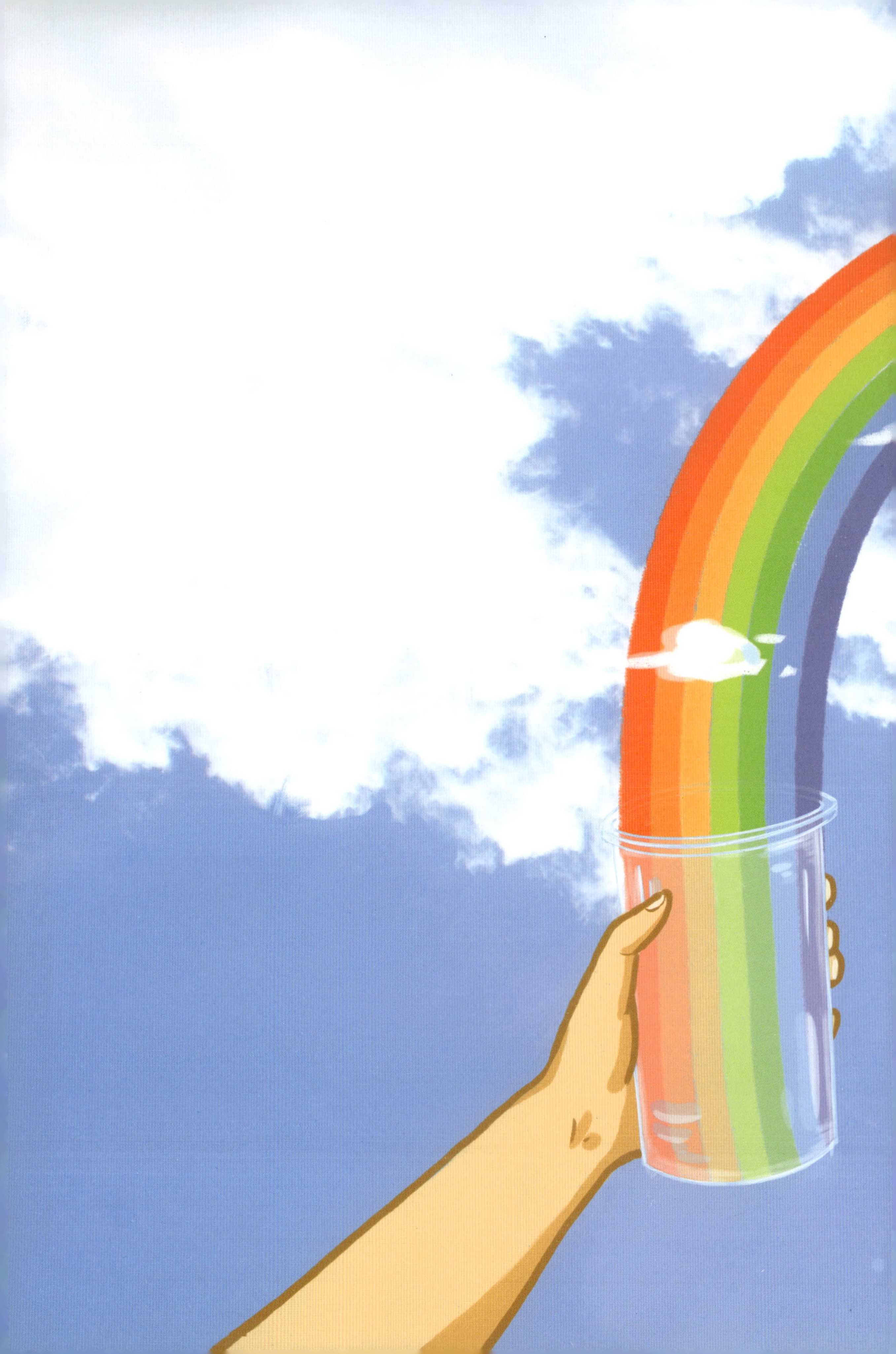

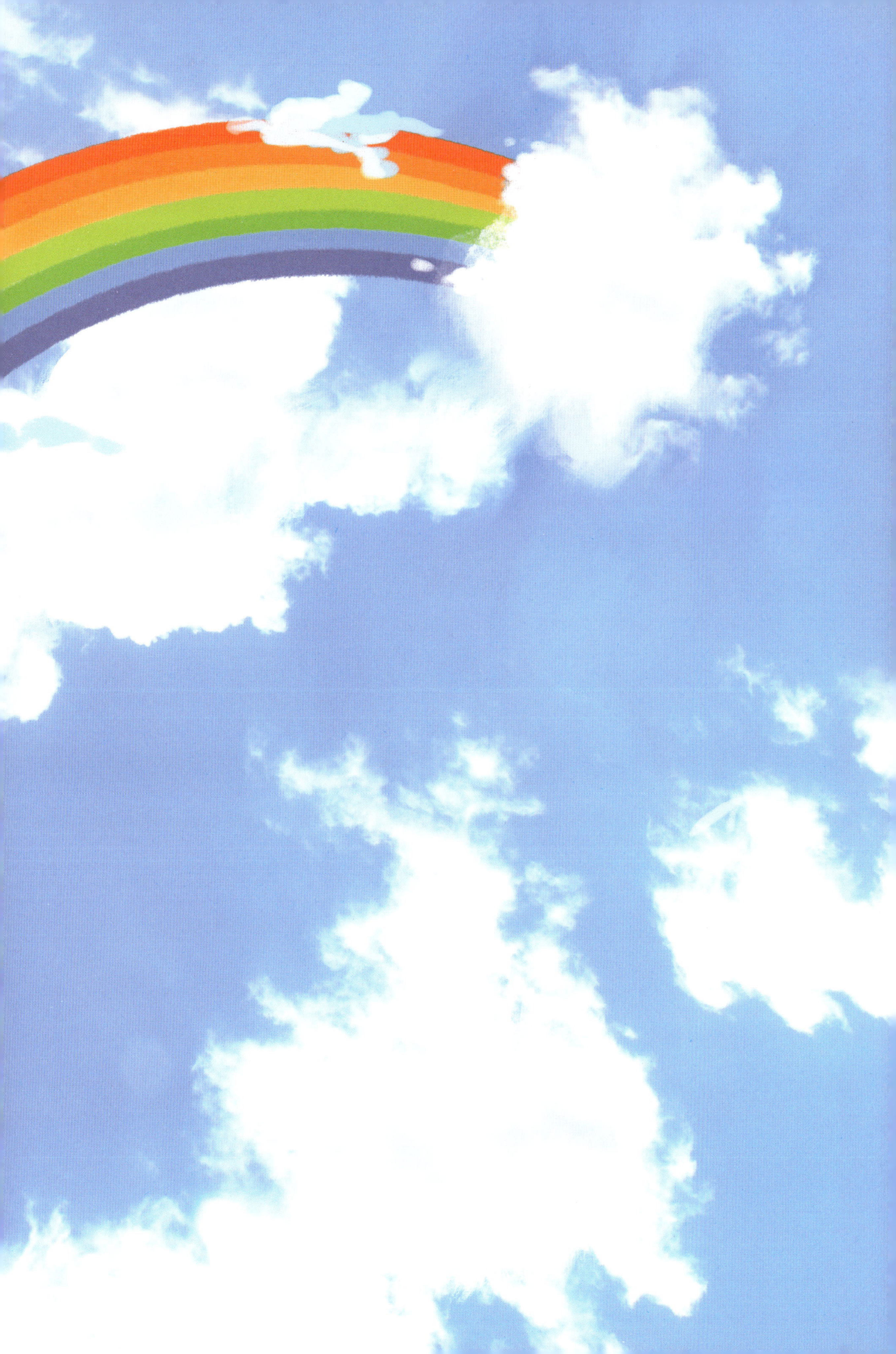

1.2 非牛顿流体

难度系数：★★☆☆☆

难道淀粉也"吃软不吃硬"？

1.2.1 看一看

实验原理

淀粉和水混合成的非牛顿流体在面临外部的剧烈冲击时，会变得异常坚硬。这是由于非牛顿流体的黏度随剪切速度的增加而升高（这种现象称为切力增稠现象）。发生这种现象的原因是当作用在流体上的剪切力发生改变时，会使流体的微观结构发生变化，从而使流体间的相互作用力发生变化，进而使流体粒子发生了变形。

1.2.2 做一做

1）你要准备

淀粉 　　　清水 　　　搅拌棒　　　容器（小容积容器即可）

2）操作步骤

（1）向容器中加入一定量的水，约为容器容积的一半。

（2）不断向水中加入淀粉并搅拌，直至搅拌时明显感到吃力或观察流体内部产生"断裂"状。

（3）将手缓慢伸入容器中并"抓取"流体。

3) **注意事项**

制作非牛顿流体时，要求淀粉和水的体积比约为 3∶1，当水过多时，易变成淀粉溶液，不会产生实验现象。

1.2.3 想一想

（1）改变水和淀粉的比例，可以使非牛顿流体的性质发生什么变化？
（2）除了淀粉，还可以利用什么物质制作非牛顿流体？

1.2.4 实验记录

把你的实验现象记录下来，与家人朋友分享吧！

2 大气压

　　空气，看不见，摸不着，但是在我们生活的环境中空气却是无处不在的，并且它是人类赖以生存的资源。因此，有人总会好奇，我们为什么感受不到它的压力呢？大气压究竟是否存在？如果真的存在，那么我们又应该如何验证？

　　本系列实验包含4个小实验，它们可以带领我们感受大气压带来的一系列影响，让我们切身感受空气的压力。

2.1 瓶吞鸡蛋

难度系数：★☆☆☆☆

咦？
鸡蛋会"缩骨大法"？

⚠ 使用明火请注意安全！

2.1.1 看一看

实验原理

一个开口玻璃瓶，瓶内外的大气压是相同的。当瓶内放入燃烧的火柴后，瓶内的空气受热膨胀，部分空气被排出玻璃瓶，同时瓶内的氧气被消耗。在瓶口放置鸡蛋后，内外界气体被相互隔绝，当瓶内气体冷却下来后，瓶内气压大幅下降，使瓶内的气压低于瓶外的大气压，鸡蛋则被外界大气压"压"进了瓶子。

2.1.2 做一做

1）你要准备

1个已剥皮的熟鸡蛋　　　1个玻璃瓶　　　2根火柴

2）操作步骤

（1）将火柴点燃迅速放入玻璃瓶中。

（2）迅速将已剥皮的熟鸡蛋放在瓶口，即可观察到鸡蛋逐渐进入瓶中。

3) 注意事项

（1）鸡蛋大小最好与瓶口大小相当。瓶口既不能太宽使鸡蛋直接进入，也不能太窄让鸡蛋无法进入。如瓶口较宽留有空隙时，随着瓶子的冷却，空气会重新进入瓶中使内外气压相等，鸡蛋将很难被"吞"入瓶中。

（2）操作时动作要迅速。

（3）小心被火柴烫伤。

2.1.3 想一想

（1）除了用点燃的火柴，你还有什么办法让瓶子"吞"入鸡蛋？

（2）如何能够在不打碎瓶子的前提下把瓶内的鸡蛋取出来？

2.1.4 实验记录

把你的实验现象记录下来，与家人朋友分享吧！

2.2 不湿的纸巾

难度系数： ★★☆☆☆

纸巾放到了水下
为什么不会湿呢？

2.2.1 看一看

干燥的纸团

空气
水

实验原理

一个看起来空空的玻璃杯，其实里面盛满了空气。将玻璃杯垂直压入水中，由于水的阻碍，杯中的空气无法排到外界，空气将被水压缩。当空气压缩到压强等于水的压强时，水就不能进入杯子，杯中的纸团也就不会变湿了。

2.2.2 做一做

1) 你要准备

1个水盆　　　1张餐巾纸　　　1个玻璃杯　　　水

2）操作步骤

（1）将餐巾纸揉成一团塞入杯底，注意杯子倒置时纸团不要脱落。

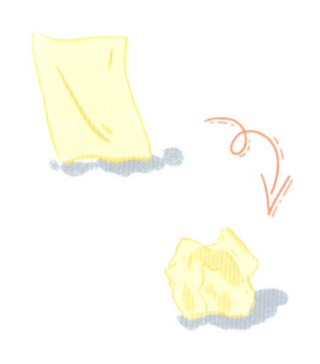

（2）将水盆盛满水，使水深大于玻璃杯的高度，将玻璃杯垂直、完全插入水中。

（3）将玻璃杯垂直取出，沥干表面水后，再将餐巾纸取出，观察现象。

3）注意事项

水杯在进入水中时，杯子一定要垂直倒扣着压入水下。

2.2.3 想一想

（1）如果将玻璃杯倾斜放入水中，餐巾纸会变湿吗？

（2）换用其他形状杯口的杯子对实验结果有影响吗？

（3）杯中的纸团距离杯口多高时，纸团会被浸湿？

2.2.4 实验记录

把你的实验现象记录下来，与家人朋友分享吧！

2.3 倒不出的水

难度系数：★☆☆☆☆

明明杯子里装满了水，
但为什么不会洒出来呢？

2.3.1 看一看

实验原理

把杯子装满水后，里面的空气就被赶出。因为杯子里没有空气，所以没有大气压强，而水产生的压强没有外面的大气压强大，于是外面的大气压把水和纸板都托住了，水在纸板的阻隔下就不会流出来了。

你知道吗？

大气压强不仅存在而且是一位"大力士"。著名的马德堡半球实验验证了这一点：

1954年5月8日，德国马德堡市的市民们看到了一件令人惊奇、但又令人困惑的事情：他们的市长——发明抽气机的奥托·格里克，把两个直径35.5厘米的空心铜半球紧贴在一起，抽出球内的空气，然后用两队各8匹马向相反的方向拉两个半球，当16匹马竭尽全力终于把两个半球拉开时，竟然像放炮一样发出了巨大的响声。

2.3.2 做一做

1) 你要准备

1个玻璃杯   1张纸板（略大于杯口）   水   盆（接水用）

2) 操作步骤

（1）在玻璃杯内装满水，满到水即将溢出的程度；将纸板顺着玻璃杯的水面边缘缓慢滑动，完全盖住杯口。

（2）一手按紧纸板，一手抓住杯子，迅速将杯子倒转。

（3）缓缓松开按住纸板的手，观察现象；尽管杯口朝下，但杯中的水却未流出。

3) 注意事项

（1）杯中的水一定要装满。
（2）倒转杯子的过程中纸板一定要压紧，动作要迅速。
（3）最好在有水池或水桶的上方做实验，以防纸板突然掉落。

2.3.3 想一想

（1）采用餐巾纸代替硬纸板，现象会不会有所不同？为什么？
（2）如果水中途漏出或开始没有装满，能否获得相同的实验现象？应当怎样做？

2.3.4 实验记录

把你的实验现象记录下来，与家人朋友分享吧！

2.4 蜡烛抽水机

难度系数：★★★☆☆

你见过蜡烛用作抽水机吗？

⚠ 使用明火需要注意安全！

2.4.1 看一看

实验原理

蜡烛燃烧用去了右边杯中的氧气，右杯中气压降低，左杯上方气压高，在压强的作用下使水向右杯流动，直到两杯水面承受的压力相等为止，最后右杯水面高于左杯水面。

2.4.2 做一做

1) 你要准备

2个玻璃杯　　1根蜡烛　　比玻璃杯口稍大的硬纸片　　2根塑料弯管

凡士林（封口用的凝胶）少许　　　　火柴　　　　胶带　　　　适量水

2） **操作步骤**

（1）将2根塑料弯管相互连接成U形，连接处用透明胶带缠紧。

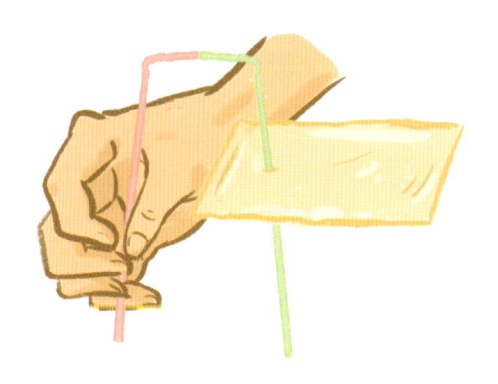

↑ 胶带缠住

（2）在准备好的硬纸片上戳一个小洞，使塑料弯管的一头从小洞中穿过。注意硬纸片的洞口不宜过大，塑料管穿过后，再用透明胶带粘贴，确保接口处不能漏气。

（3）把2个透明的玻璃杯一左一右放在桌子上，将蜡烛点燃固定在一个玻璃杯的底部，在另一个玻璃杯里注入大半杯水。

23

（4）将塑料管一端插入硬纸片，另一端浸没在左边杯子的水中，再在右边放蜡烛的杯子口涂一些凡士林并将硬纸片盖在右边杯口。水将从左边流入右边的杯子中。

你知道吗？

蜡烛燃烧的化学方程式为：
$2C_{22}H_{46}+67O_2=44CO_2+46H_2O$
$2C_{28}H_{58}+85O_2=56CO_2+58H_2O$

从反应方程式中可以看出，压强差的出现不仅仅因为氧气含量变化。因为蜡烛燃烧过程中不仅消耗氧气，而且会释放出二氧化碳气体和水，但这两者的体积之和小于原有的氧气的体积，所以依然存在压强差。

3）注意事项

（1）蜡烛点燃后固定在玻璃杯底部时注意安全，避免烧伤。
（2）塑料管尽量使用软管，避免因折叠而让水无法流动。

2.4.3 想一想

（1）如何提高抽水的速度？
（2）如果不用凡士林封口，会对效果有影响吗？

2.4.4 实验记录

把你的实验现象记录下来,与家人朋友分享吧!

← 学生公寓1-4
Dormitory 1-4

450米

← 医务室
Clinic

580米

← 东区食堂
East Dining Hall

660米

← 综合体育馆
Gymnasium

教学楼1-5
Teaching Building 1-5

实验楼1-10
Laboratory Building 1-10

3 物态变化

　　大自然中的物质主要有3种状态，即气态、液态和固态——物质的3种状态在一定条件下可以相互转化，例如液态的水在温度低于凝固点时可以变成固态的冰，在温度高于沸点时可以变成气态的水蒸气。冰雪融化，蒸气升腾，云烟成雨，雪落无声……这些都是自然界中物态变化形成的美妙现象。

　　接下来的一组实验，让我们一起见证物态变化带来的美丽景象。

3.1 神奇的干冰 难度系数：★★☆☆☆

怎样自制神奇魔幻的烟雾呢？

⚠ 做此实验时不能直接用手接触干冰，防止被冻伤！

3.1.1 看一看

舞台上的"烟雾"

实验原理

干冰在水里会剧烈升华，产生大量二氧化碳，由于干冰升华时大量吸热，使周围空气温度降低，空气中的水遇冷凝结成小水滴，产生白雾。

你知道吗？

人呼吸时呼出的气体中含有大量二氧化碳。干冰，即固态的二氧化碳，是通过加压将气态二氧化碳冷凝成无色的液体，再在低压下迅速凝固而得到的。干冰在室温下会升华成为气体"消失"，这个过程中会强烈吸热，因此干冰可以用来制冷。同学们在餐厅经常能看到一盘盘烟雾缭绕的菜，就是因为在冷冻食品下部放置一些干冰，这些干冰在大气中直接升华，遇空气中水分而成雾状，如遇仙境之感。

3.1.2 做一做

1) 你要准备

干冰　　　水槽　　　不同颜色的灯光　　　手套

2) 操作步骤

（1）在水槽里装满水。

（2）向水槽中加入几块干冰。

（3）在黑暗条件下，用不同颜色光的手电筒照射水槽。

（4）观察现象，水槽内能看见彩色水雾。

3) 注意事项

注意干冰储存环境，常温条件下干冰易挥发。

3.1.3 想一想

在炎热的夏天吃冰棍，为什么冰棍上面会"冒烟"呢？

3.1.4 实验记录

把你的实验现象记录下来，与家人朋友分享吧！

3.2 云的形成

难度系数：★★★☆☆

你知道天空中的白云是如何形成的吗？

⚠️ 使用明火需要注意安全！

3.2.1 看一看

实验原理

事实上，云是由水构成的。当瓶中装满热水后产生大量水蒸气。水蒸气在冰块的作用下变冷。此时，水分子就会聚集在空气中的微尘（如火柴燃烧产生的烟）周围，并凝结成很多小水滴，因而产生了云。

你知道吗？

天空中洁白的云朵是如何形成的呢？太阳照在地球的表面，水蒸发形成水蒸气，一旦水汽过饱和，水分子就会聚集在空气中的微尘（凝结核）周围，由此产生的水滴或冰晶将阳光散射到各个方向，这就产生了云。云如果遇到了冷空气，云里的一些小水珠就会结成一粒粒的小冰珠。这些小冰珠碰来撞去，小水珠不断地合并到小冰珠的身体上。小冰珠的体积和重量逐渐变大，最终无法停留在空中，就会往下掉，这就形成了雨。

3.2.2 做一做

1) 你要准备

大口玻璃瓶（容积400毫升）　　玻璃片（面积大于瓶口）　　5～10块冰块　　2根火柴　　热水（300毫升）

2) 操作步骤

（1）将热水倒入玻璃瓶中，水量大致为玻璃瓶容积的1/3。

（2）点燃一根火柴，将火柴直接放入水中，能看到火柴直接熄灭。

（3）将玻璃片平稳放置在玻璃瓶的瓶口处，在玻璃片上均匀放置4～5块冰块。

（4）观察现象：瓶内出现白色絮状物。

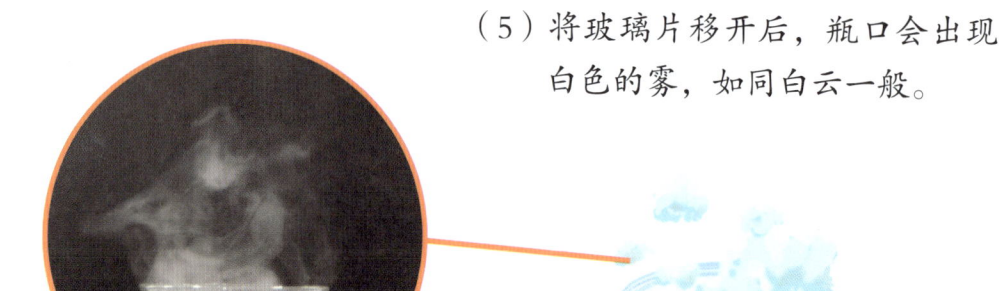

（5）将玻璃片移开后，瓶口会出现白色的雾，如同白云一般。

3）注意事项

（1）将玻璃片撤掉后，应迅速观察并记录实验现象。
（2）观察现象时尽量选择深色背景。

3.2.3 想一想

（1）如何能够让产生的"云"更明显？

（2）能制作不同颜色的云吗？需要向瓶子中加入什么？

3.2.4 实验记录

把你的实验现象记录下来，与家人朋友分享吧！

3.3 再现指纹

难度系数：★★★☆☆

想知道自己的指纹是什么样的吗？

⚠️ 加热碘伏时要注意安全！

3.3.1 看一看

手指的纹路

实验原理

人的皮肤表面会分泌油脂，一般情况下皮肤表面的指纹是凹凸不平的，低的地方油脂多些，高的地方油脂少些。当手指按到纸上时，油脂就被纸吸收，油脂在纸上的分布与指纹上油脂的分布情况相同。

碘伏中的碘受热会变成碘蒸气，碘蒸气受冷时又会变回碘单质，它在油脂里极易溶解，于是纸上就出现颜色深浅不一样的指纹。

你知道吗？

警察可以根据作案现场留下的指纹线索来追查犯罪嫌疑人，手机可以通过指纹来解锁，办身份证时也需要录入指纹信息。其实指纹信息的重要性来源于指纹的独特性，世界上每个人的指纹都是不同的。因此，指纹可以验证一个人的身份信息。

3.3.2 做一做

1) 你要准备

碘伏 1 瓶（约 100 毫升）　　蒸发皿 1 个 　　酒精灯　　白纸　　火柴

2) 操作步骤

（1）用手在白纸上印上指纹。

（2）将 50 毫升左右的碘伏放进蒸发皿。

（3）点燃酒精灯使碘伏在蜡烛上方加热，直到有紫色蒸气放出。

（4）将白纸印有指纹的一面对着蒸气，过一会儿，纸上就会显现出浅色的指纹。

3）注意事项

（1）按压指纹时要用力。
（2）皮肤过于干燥时现象会不太明显。
（3）使用酒精灯须小心。

3.3.3 想一想

（1）还有其他更简单的提取指纹的方式吗？
（2）如何让提取到的指纹更完整？

3.3.4 实验记录

把你的实验现象记录下来，与家人朋友分享吧！

3.4 自制天气瓶　难度系数：★★☆☆☆

如何自己制作美丽的天气瓶呢？

3.4.1 看一看

实验原理

天气瓶中的溶液是由樟脑丸、硝酸钾、氯化铵溶于乙醇和水形成的。当温度改变时，3种物质的结晶速度和溶解速度存在差异，而温度的变化速度会影响结晶的成长大小与形态，这些因素的共同作用使瓶内晶体呈现出形态万千的美丽变化。

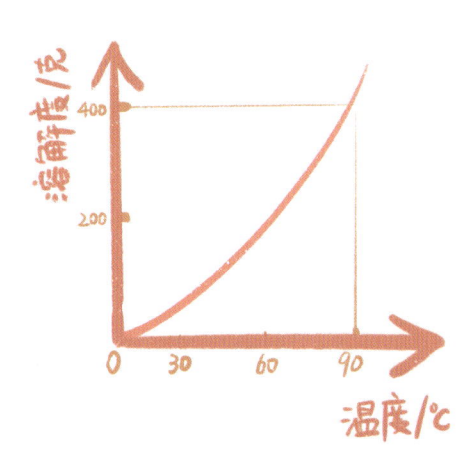

3.4.2 做一做

1) 你要准备

氯化铵　　　　硝酸钾　　　　樟脑丸

乙醇　　　　可密封的玻璃瓶　　　　蒸馏水

2) 操作步骤

（1）取 33 毫升蒸馏水，缓慢加入 2.5 克硝酸钾和 2.5 克氯化铵，搅拌溶解，得到溶液 A。

2.5克　　2.5克

33毫升蒸馏水

溶液A

10克

40毫升乙醇

溶液B

（2）取 40 毫升乙醇，加入 10 克樟脑丸，搅拌溶解，至溶液完全澄清，得到溶液 B。

（3）将A溶液倒入B溶液中混合均匀，水浴加热30~40℃至溶液澄清。

溶液A

溶液B

密封玻璃瓶

（4）在不同的天气下观察天气瓶中的晶体出现的情况并作记录。你会发现如果溶液很澄清，说明天气晴朗；如果天气瓶中产生大量晶体，说明气温降低。

3）注意事项

（1）天气瓶只能在一定程度上反映此刻的温度，而不能预测将来的环境温度。
（2）乙醇易挥发，注意及时封闭瓶口，远离火源。

3.4.3 想一想

（1）水浴加热有什么作用？

（2）怎么样可以让天气瓶预测天气的效果更准确？

3.4.4 实验记录

把你的实验现象记录下来，与家人朋友分享吧！

3.5 从天而降的晶体

难度系数：★★☆☆☆

你想拥有"点水成冰"的魔法吗？

3.5.1 看一看

摇晃后产生一定量晶体

实验原理

用一定量的溶剂去溶解溶质时，可溶解溶质的质量是有限的。在一定温度和压力下，当溶液中溶质的浓度已超过该温度和压力下溶质的溶解度，而溶质仍不析出的现象叫过饱和现象，此时的溶液称为过饱和溶液。过饱和溶液是不稳定的，如果搅拌溶液、使溶液受到震动、摩擦容器器壁或者往溶液里投入固体晶种，溶液里的过量溶质就会马上结晶析出。结晶之后，剩下的母液就是跟溶质晶体处在平衡状态的饱和溶液。

你知道吗？

平衡态是指在没有外界影响条件下系统的各部分宏观性质在长时间里不发生变化的状态。当本身不够稳定的物质处于平衡态时，如果受到外界的干扰，它的平衡态就很容易被打破。你可能习惯上认为平衡是美好的，是广泛存在的，但事实上，在自然界中平衡只是相对的、特殊的、局部的和暂时的，不平衡才是绝对的、普遍的、全局的和经常的。所以，系统的绝大多数时间都是处在非平衡状态走向平衡状态的过程。

3.5.2 做一做

1) 你要准备

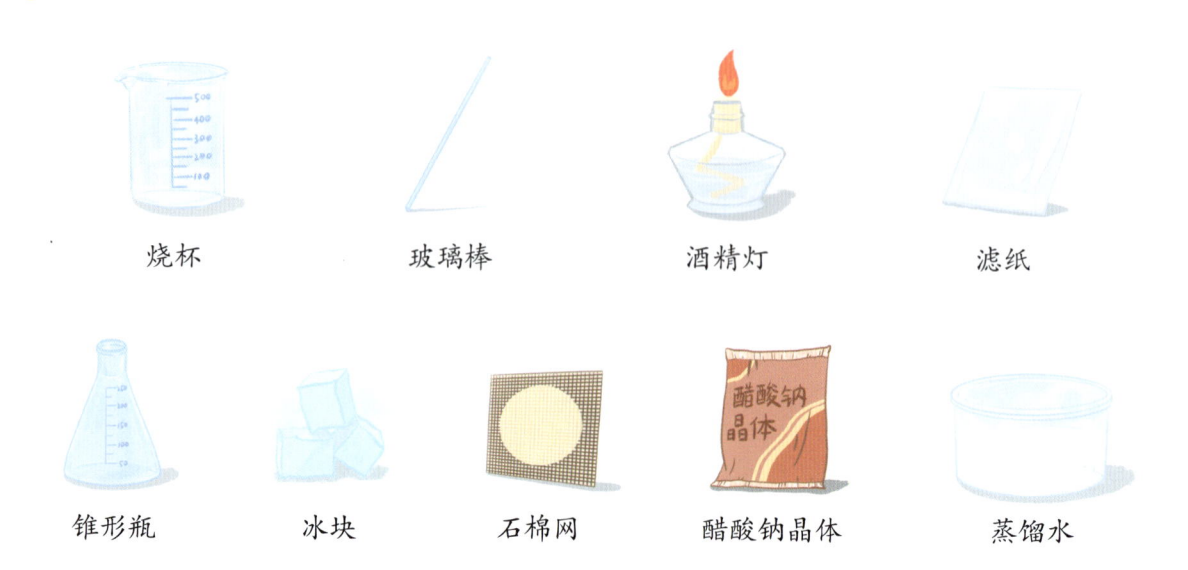

烧杯　　玻璃棒　　酒精灯　　滤纸

锥形瓶　　冰块　　石棉网　　醋酸钠晶体　　蒸馏水

2) 操作步骤

（1）在 500 毫升烧杯中，将 150 克干燥的醋酸钠晶体（$CH_3COONa \cdot 3H_2O$）加入 100 毫升 80℃ 左右的蒸馏水中不断搅拌，当溶液中有无法溶解的醋酸钠晶体时，就成为该温度时的饱和溶液。

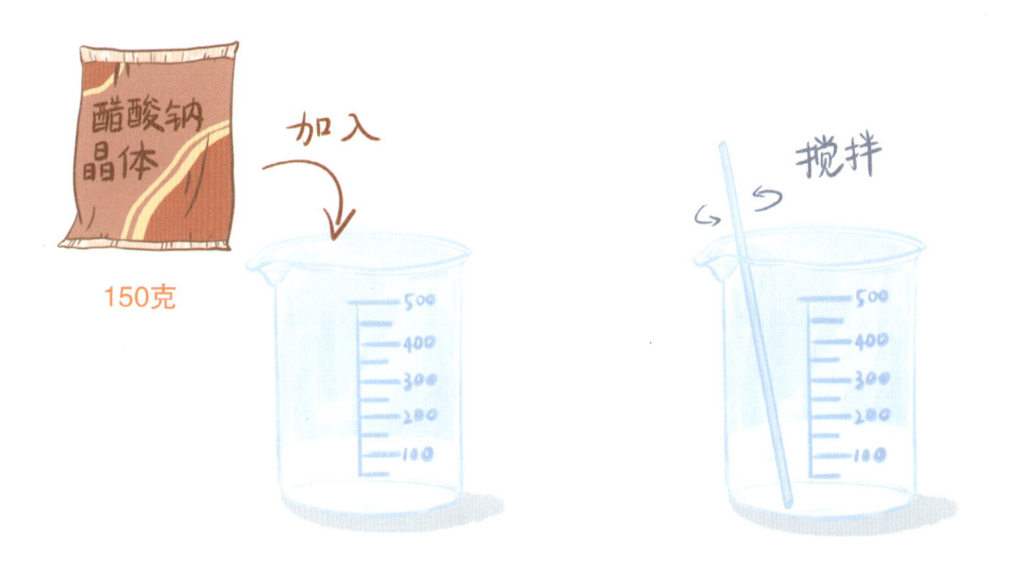

150克

加入

搅拌

（2）将上述溶液转移至干净锥形瓶中，在锥形瓶周围放置冰块帮助其冷却。

（3）用沾有醋酸钠晶体的玻璃棒接触溶液表面。

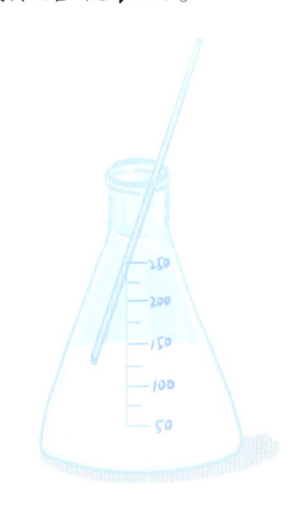

（4）观察现象，发现溶液自上而下地"结冰"。

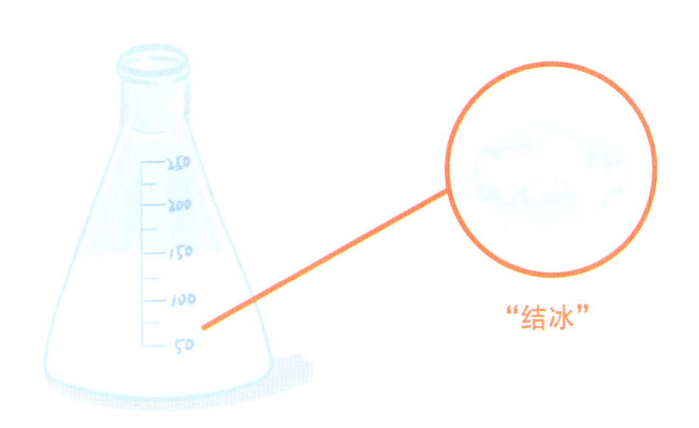

"结冰"

3）注意事项

（1）醋酸钠晶体容易因为潮湿而失效，因此可以适当增加用量。
（2）过饱和的醋酸钠溶液非常不稳定，微小的尘土也能够使其结晶，所以锥形瓶要洁净，瓶口要盖严，防止尘土进入。

3.5.3 想一想

（1）如何处理，才可以使晶体出现更慢，晶体的形状更清晰呢？
（2）能否获得其他颜色的晶体？

3.5.4 实验记录

把你的实验现象记录下来，与家人朋友分享吧！

4 表面张力

同学们，知道荷叶上的小水滴为什么总是呈现球形吗？那是因为液体表面有一种张力，称为表面张力。任何液体都有表面张力，表面张力是液体分子之间互相吸引的结果。液体内部的分子上下左右的吸引力会相互抵消，但是液体表面的分子之间的吸引力没有抵消，在表面就形成了表面张力。因为这股拉力，所以液体表面会尽量收缩到最小的面积。在体积不变的情况，球形的表面积最小，因此，表面张力使泡泡膜成为球形。

在接下来的一组实验中，我们将利用洗洁精等表面活性剂，一起探究与表面张力有关的神奇现象！

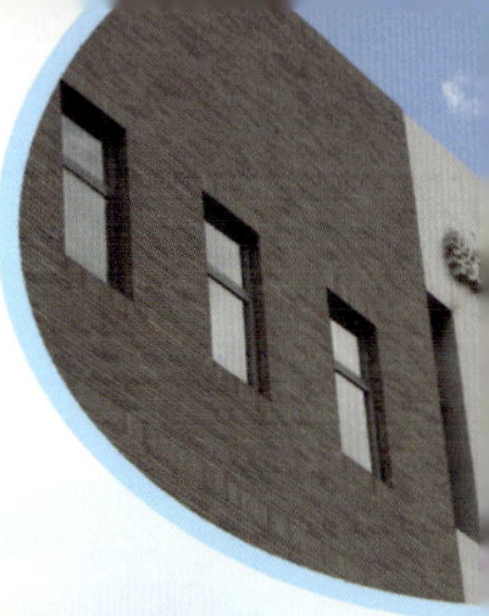
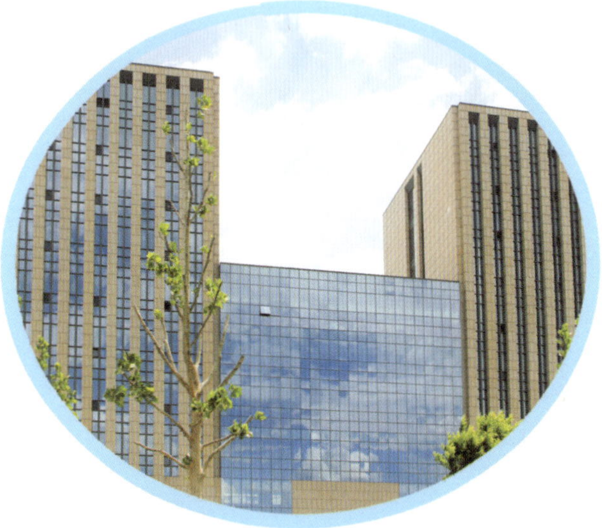
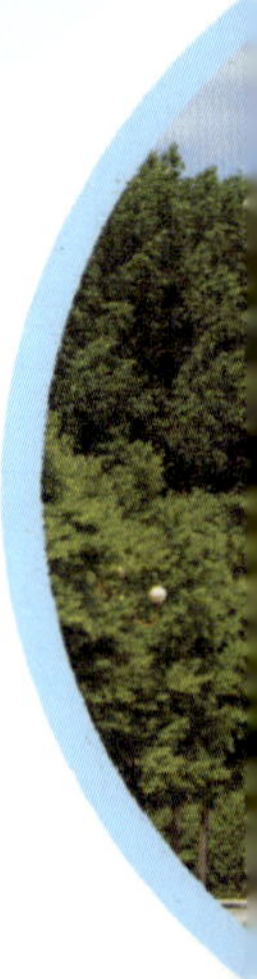
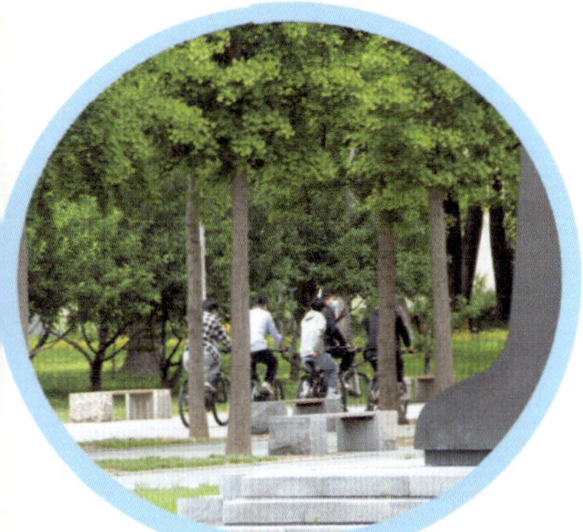
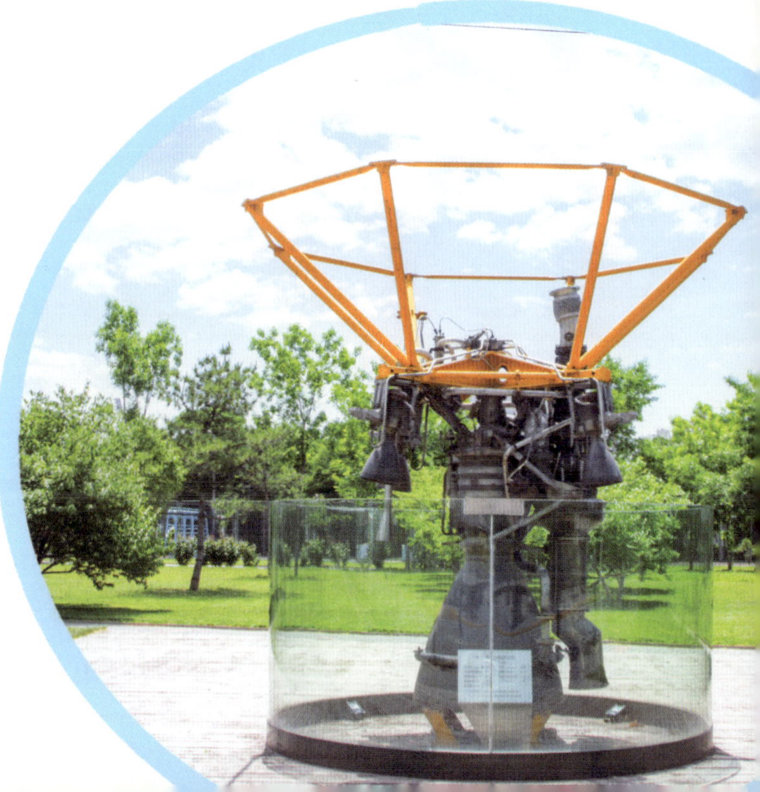

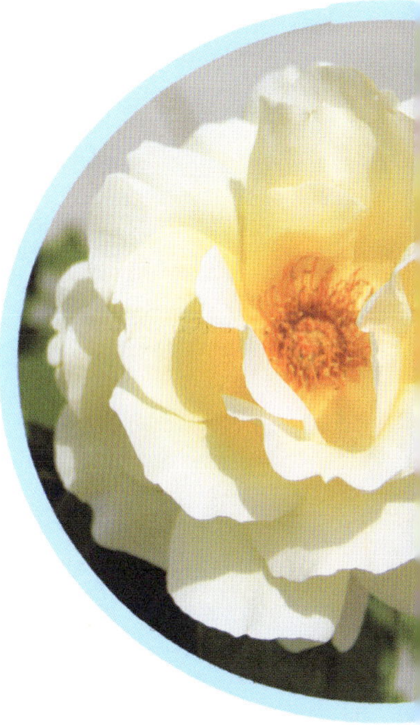

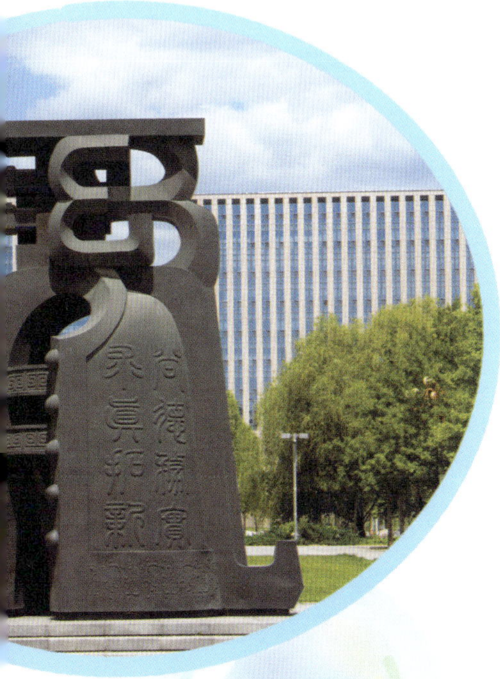

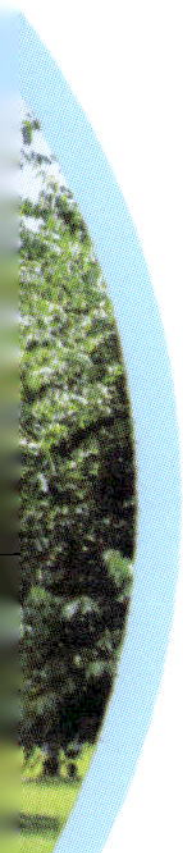

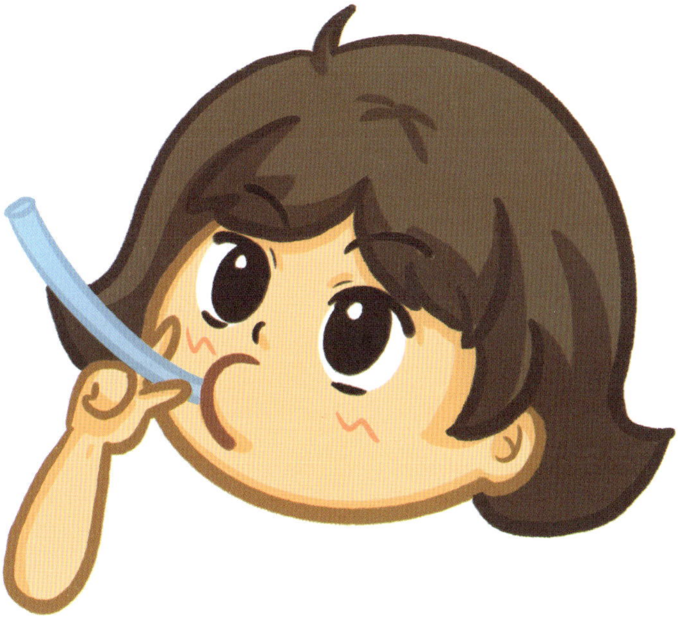

4.1 自制泡泡溶液

难度系数：★★★☆☆

怎样才能吹出更大的泡泡呢？

⚠️ 洗洁精不可食用！

4.1.1 看一看

实验原理

泡泡是由于水的表面张力形成的。这种张力是物体受到拉力作用时，存在于内部而垂直于两相邻部分接触面上的相互牵引力。水面的水分子之间的相互吸引力比水分子与空气之间的吸引力强。这些水分子就像被黏在一起一样。如果水分子之间过度黏合在一起，泡泡就不易形成了。洗洁精"打破"了水的表面张力，它把表面张力降低到只有通常状况下的1/3，而这正是吹泡泡所需的最佳张力。在水中加入一定量的洗洁精可以制成泡泡液，如果在泡泡液中加入白糖，泡泡液表面张力就会减小，吹出的泡泡变大；如果向泡泡液中加入食盐（主要成分氯化钠），泡泡液的表面张力会增大，吹出的泡泡变小。

你知道吗？

泡泡溶液能够吹出的泡泡的大小取决于溶液的表面张力，表面张力更小的溶液可以吹出更大的泡泡，所以，通过加入不同的原料赋予泡泡液不同的表面张力，就可以吹出大小不同的泡泡了！

4.1.2 做一做

1) 你要准备

白糖 500 克

食盐 500 克

洗洁精 500 毫升

自来水

杯子（4 个）

吸管（4 支）

2) 操作步骤

（1）取 4 个杯子，分别编为 1、2、3、4 号。

（2）在 1 号杯子中加入 400 毫升水。2、3、4 号杯子中分别加入 100 毫升洗洁精和 300 毫升水。

400毫升

编号1

300毫升

100毫升

编号2　编号3　编号4

51

（3）在3号杯子中加入1勺（约9克）食盐，搅拌使其完全溶解。

9克

编号3

（4）在4号杯子中加入1勺（约9克）白糖，搅拌使其完全溶解。

9克

编号4

（5）用4支吸管分别蘸取4个杯子中的泡泡液，分别吹泡泡。

（6）观察4组实验中吹出的泡泡的大小，并做记录。

3）注意事项

（1）水和洗洁精的体积比约为 3:1，以保证能吹出泡泡。
（2）如果实验现象不明显，可以在 3 号杯子中再次加入食盐，4 号杯子中再次加入糖。
（3）在本实验中，纯水，洗洁精水，洗洁精+食盐，洗洁精+白糖 4 组溶液形成了对照实验，加入的白糖和食盐需要是等质量的。
（4）给烧杯编号可以防止实验过程中发生混淆。

4.1.3 想一想

（1）除了白糖/食盐，还有哪些材料可以让泡泡变大/变小？
（2）为什么加入的食盐和白糖质量需要相同？什么是控制变量法？
（3）实验中为什么要分别用 4 支不同的吸管蘸取泡泡液？
（4）怎样吹出不同形状的泡泡？

4.1.4 实验记录

把你的实验现象记录下来，与家人朋友分享吧！

4.2 洗洁精小船 难度系数：★☆☆☆☆

洗洁精能让小船自动前行？

4.2.1 看一看

实验原理

当把小船放到水面上时，小船周围水的表面张力会将船托在水面上，这些张力保持平衡，所以船会静止。

洗洁精是表面活性剂，它会降低水的表面张力。这些清洁产品本身具有亲水性，在水中的小船尾部缺口处滴加少量洗洁精，当它们溶于水时，就会减小船尾这侧的表面张力，于是船头一侧的大的表面张力就把小船牵引向前了。

4.2.2 做一做

1）你要准备

白纸 　　剪刀 　　扁平容器 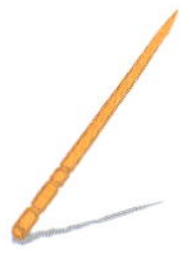　　牙签 　　洗洁精

2）操作步骤

（1）用剪刀把白纸剪成小船形状，如图所示。

（2）把扁平容器装上水，并把小船放入水中。

（3）用牙签蘸取洗洁精，轻点小船尾部凹槽处，可见小船迅速向前游去。

（4）把洗洁精滴到小船旁边的不同位置，观察小船的运动情况并作记录。

3）注意事项

本实验中的洗洁精也可以换成牙膏或肥皂液，注意观察小船的运动。

4.2.3 想一想

（1）改变小船的形状是否可以影响小船前进的速度？

（2）如果把小船变成风车形状，如何使风车转动？

4.2.4 实验记录

把你的实验现象记录下来,与家人朋友分享吧!

4.3 神奇的牙签

难度系数：★☆☆☆☆

放在水里的牙签，
会随着放在水里的方糖游动？

4.3.1 看一看

牙签靠近方糖

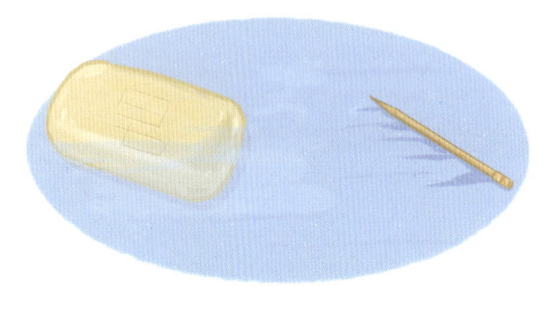

牙签远离肥皂

实验原理

把方糖放入水盆中心时，方糖会吸收一些水分，所以会有很小的水流往方糖的方向流，使牙签也跟着水流移动。

把肥皂投入水盆中心时，肥皂周围水的表面张力下降，水盆边的表面张力比较强，所以会把牙签向外拉。

你知道吗？

向水中加入不同的东西可以使水拥有不同大小的表面张力，如果在水中加入一个能漂浮的小物体，水的表面张力的变化可以宏观地表现为小物体的运动了，而小物体的运动是可以直接通过肉眼观察到的，这样就把看不见的表面张力转化为看得见的表面张力了。

4.3.2 做一做

1) 你要准备

牙签若干　　　一盆清水　　　方糖若干　　　一块肥皂

2) 操作步骤

（1）把牙签小心地放在水面上。

（2）把方糖放入水盆中离牙签较远的地方，牙签会向方糖方向移动。

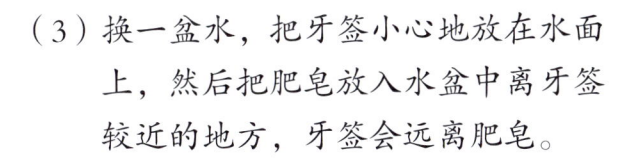

（3）换一盆水，把牙签小心地放在水面上，然后把肥皂放入水盆中离牙签较近的地方，牙签会远离肥皂。

3) **注意事项**

放牙签时要小心，确保牙签浮在水面上。

4.3.3 想一想

加入其他物质（食盐等），观察牙签的运动趋势如何？

4.3.4 实验记录

把你的实验现象记录下来，与家人朋友分享吧！

4.4 不沾水的表面

难度系数：★★★☆☆

为什么荷叶的表面不沾水？

⚠️ 实验时佩戴护目镜，避免二氧化硅粉末溅入眼睛！

4.4.1 看一看

滑落的水珠

实验原理

在铜网表面喷涂上疏水二氧化硅纳米颗粒，可以使铜网表面拥有微纳米结构，这些疏水的微纳米结构可以改变水滴在铜网表面的润湿状态，使水滴和微纳米级结构之间会有一层气膜，以阻止水滴与铜网的直接接触，让水滴在铜网表面形成球形，从铜网表面滚落。

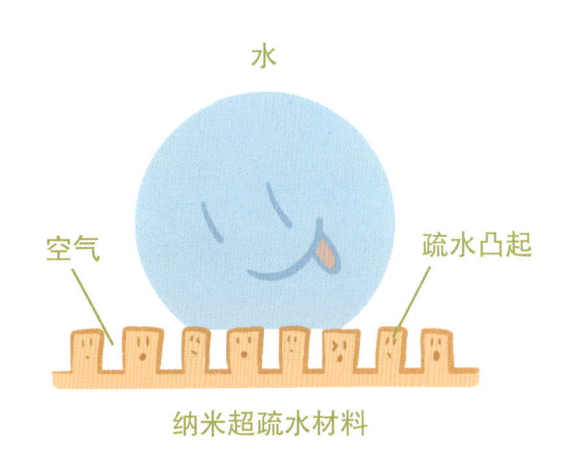

水　空气　疏水凸起　纳米超疏水材料

> **你知道吗？**
>
> 刘禹锡在《陋室铭》中赞美荷花"莲之出淤泥而不染，濯清涟而不妖"，那么荷叶表面为什么不会沾上淤泥和液滴呢？这是由于荷叶表面是超疏水的，江雷院士等揭示了荷叶表面的结构，发现荷叶的自清洁源于表面的微纳米结构，荷叶表面的微米级的乳突，以及乳突上有纳米级的蜡晶物质，水滴在其表面无法铺展而保持球状且极易滚动，滚动过程中可以带走表面尘埃，从而达到自清洁效果。

4.4.2 做一做

1）你要准备

铜网 　　　乙醇 　　　疏水二氧化硅粉末 　　　小喷壶

2）操作步骤

（1）切出两块5×5厘米大小的铜网，用水和乙醇进行清洗，用吹风机干燥。

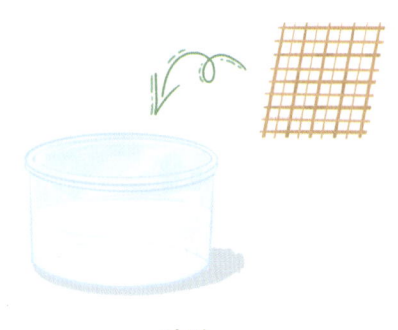

清洗 　　　吹干

（2）将 300 毫克疏水二氧化硅粉末加入 50 毫升乙醇中，震荡使之混合均匀，并转移至小喷壶中，得到疏水二氧化硅分散液。

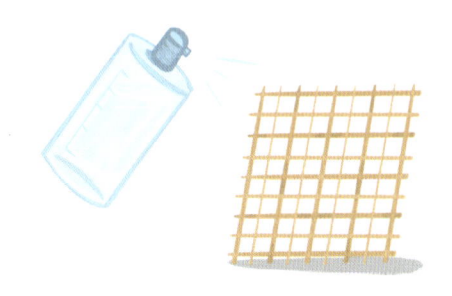

（3）将疏水二氧化硅分散液喷涂到铜网上，然后用吹风机干燥，可重复本步骤 2～3 次。

（4）将水滴分别滴加到处理过的铜网和未处理的铜网上，观察水滴的状况，并记录。

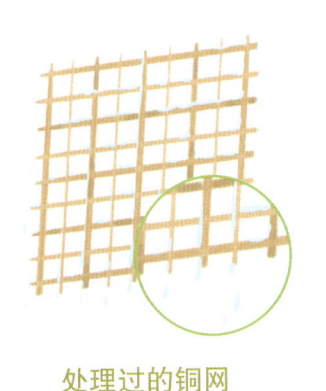

处理过的铜网　　　未处理的铜网

3）注意事项

（1）铜网在预处理时需要用水和乙醇清洗干净。
（2）实验时注意使用镊子夹取铜网。

4.4.3 想一想

（1）还可以让一些什么材料拥有超疏水性？这些超疏水材料可以有些什么应用？
（2）能否让材料拥有超亲水性？超亲水材料可以应用在哪些地方呢？

4.4.4 实验记录

把你的实验现象记录下来,与家人朋友分享吧!

5 酸与盐的反应

坚硬的水垢遇上家中的醋就会消失掉。醋为什么会有如此神奇的力量呢？其实，这是酸与盐发生化学反应的结果。在这个专题中，我们将会进行5个小实验，通过这5个小实验，希望同学们能看到酸与盐相遇时带来的神奇变化。

5.1 熄灭的蜡烛

难度系数：★★★☆☆

隔空也能熄灭燃烧的蜡烛！

⚠️ **使用明火注意安全！**

5.1.1 看一看

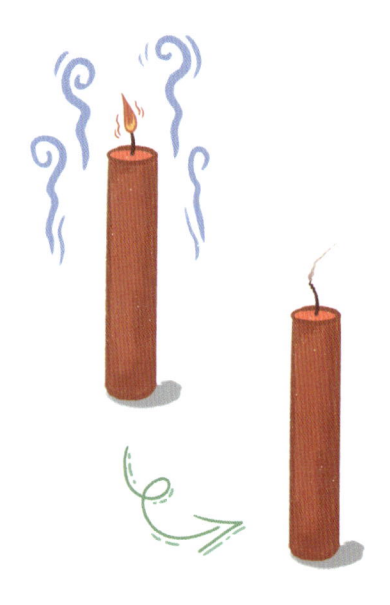

实验原理

为什么用白醋和小苏打能熄灭燃烧的蜡烛呢？食用醋的主要成分为醋酸，小苏打的主要成分为碳酸氢钠。当把醋加入小苏打中后，发生化学反应产生二氧化碳气体。由于二氧化碳比空气重，会沉积在蜡烛周围。随着二氧化碳的逐渐增多（因为二氧化碳不支持燃烧）蜡烛会缓缓熄灭。

其中，醋酸与碳酸氢钠反应的化学方程式为：

$$CH_3COOH+NaHCO_3=CH_3COONa+CO_2\uparrow+H_2O$$

5.1.2 做一做

1） 你要准备

蜡烛 1 支 　　小苏打 500 克 　　食醋 300 毫升 　　火柴 1 盒 　　盘子 1 个

2）操作步骤

（1）将点燃的蜡烛略微倾斜，在盘子的中央滴上3～4滴蜡油，将蜡烛放在蜡油上，固定在盘子中。

小苏打粉

（2）将苏打粉均匀地倒在盘子中蜡烛的周围，并将少许食用醋倒在苏打粉上。

（3）你会发现，蜡烛的火苗逐渐减小，最终熄灭。

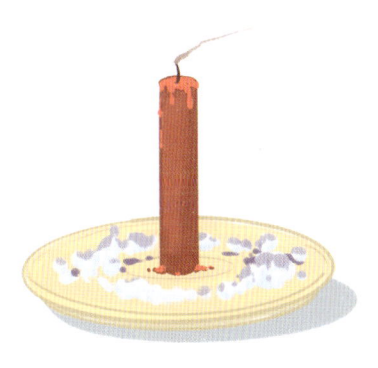

3）注意事项

采用长度更短的蜡烛更容易取得实验成功。

5.1.3 想一想

（1）聪明的你还能够使用什么方法让蜡烛熄灭呢？
（2）如何将本实验中蜡烛熄灭的原理运用于日常的灭火当中去呢？

5.1.4 实验记录

把你的实验现象记录下来,与家人朋友分享吧!

5.2 漂浮的鸡蛋　难度系数：★☆☆☆☆

看呀，
鸡蛋怎么漂在水上？！

5.2.1 看一看

实验原理

鸡蛋壳的主要成分为碳酸钙，白醋的主要成分是醋酸。当把鸡蛋放在白醋中，白醋与鸡蛋壳接触，碳酸钙会与醋酸反应产生二氧化碳气体。二氧化碳会以小气泡的形式附着在鸡蛋壳周围，使鸡蛋受到的浮力作用增大，鸡蛋就会漂浮起来。当用筷子搅动时，鸡蛋表面附着的气泡被破坏，此时鸡蛋受到的浮力减小，又沉入杯子底部。

其中，蛋壳溶解于醋酸中的反应方程式为：
$2CH_3COOH+CaCO_3=Ca(CH_3COO)_2+CO_2\uparrow+H_2O$

5.2.2 做一做

1) 你要准备

鸡蛋 　　　白醋 　　　透明容器 　　　筷子

2）操作步骤

（1）向透明容器中轻轻放入一枚鸡蛋。

（2）向容器中缓慢地加入白醋，直至白醋把鸡蛋浸没，之后再加入少许白醋。

（3）静置一段时间，观察鸡蛋在白醋中的状态并记录。

（4）用筷子搅拌白醋，观察鸡蛋的运动状态并记录。

（5）重复静置和搅拌，观察鸡蛋的运动状态并记录。

（6）将鸡蛋在白醋中静置12小时，观察鸡蛋的状态并记录。

3）注意事项

（1）放入鸡蛋时动作一定要轻，不要使蛋壳破碎哟！
（2）倾倒白醋时，白醋液面要高于鸡蛋上端，白醋倒入的越多，鸡蛋沉浮现象越明显。
（3）用筷子搅动时动作要轻，注意不要将鸡蛋壳捣破。

5.2.3 想一想

（1）为什么鸡蛋壳消失之后鸡蛋会比放入前有所"长大"呢？
（2）聪明的你想一想，有什么方法可以使鸡蛋表面出现特殊图案呢？（可尝试用透明胶水覆盖鸡蛋壳表面等方法）
（3）鸡蛋壳里面有一层半透膜，生活中还有什么地方有半透膜呢？半透膜又有哪些应用呢？

5.2.4 实验记录

把你的实验现象记录下来,与家人朋友分享吧!

5.3 自制碳酸饮料　难度系数：★★☆☆☆

想自己制作一杯碳酸饮料吗？

5.3.1 看一看

实验原理

柠檬汁中含有柠檬酸，而小苏打中的主要成分是碳酸氢钠，柠檬酸和碳酸氢钠可以发生反应生成二氧化碳，而二氧化碳溶于水就可以形成碳酸饮料了！其主要反应如下：

$$C_6H_8O_7+3NaHCO_3=C_6H_5O_7Na_3+3H_2O+3CO_2\uparrow$$
$$CO_2+H_2O=H_2CO_3$$

5.3.2 做一做

1）你要准备

柠檬 1 个 　　　白砂糖 8 克 　　　小苏打 1.5 克

凉白开 250 克 　　　适量果汁（约 100 毫升） 　　　500 毫升饮料瓶

2) 操作步骤

（1）向饮料瓶里加入250毫升的凉白开。

（2）用柠檬挤压出约1.5克柠檬汁（到饮料瓶盖约一半深度）备用。

（3）根据自己的口味偏好，向饮料瓶中加入约8克白砂糖与适量的果汁。

（4）接着向饮料瓶中加入约1.5克小苏打。

（5）再向饮料瓶中加入约1.5克柠檬汁。

（6）拧紧瓶盖，摇匀，放入冰箱约半小时。一杯自制的碳酸饮料就做好啦。

3）注意事项

（1）小苏打的质量尽量要和柠檬汁的质量相等，这样的话二者才能够更加充分地反应，产生更多的二氧化碳。
（2）小苏打具有碱性，千万不可直接食用。
（3）如制作后要饮用，请一定要注意过程中的操作卫生。自制碳酸饮料存放不应超过24小时。

5.3.3 想一想

（1）凉白开变为碳酸饮料的最关键的几个步骤是什么？小苏打和柠檬汁在其中的作用又是什么呢？
（2）相比自制的碳酸饮料，市面上的碳酸饮料还有什么别的成分呢？是什么让它们变得更加可口的？你可以上互联网搜集相关资料调查。

5.3.4 实验记录

把你的实验现象记录下来，与家人朋友分享吧！

5.4 小象牙膏   难度系数：★★☆☆☆

一起给小象做个"牙膏"吧！

5.4.1 看一看

实验原理

小苏打（主要成分为碳酸氢钠 $NaHCO_3$）和白醋（主要成分为乙酸 CH_3COOH）反应，产生大量二氧化碳气体。当在上述混合溶液中加入了洗洁精后，洗洁精在大量二氧化碳的作用下产生大量的泡沫，从狭小空间中喷出来。

小苏打和白醋的反应方程式：
$$NaHCO_3 + CH_3COOH = CH_3COONa + CO_2\uparrow + H_2O$$

5.4.2 做一做

1) 你要准备

小苏打 　　白醋　　洗洁精 　　热水 　　饮料瓶　　杯子
　　　（醋酸浓度较高的）　　　　　　　　　　　（窄口）

2） 操作步骤

（1）向杯子里倒入小苏打6克和10毫升热水，摇动杯子或搅拌溶液，使小苏打溶解。

6克小苏打

10毫升热水

（2）将溶解的小苏打倒入窄口饮料瓶中。

（3）向水杯中倒入80毫升白醋。

（4）向窄口饮料瓶中加入约4克的洗洁精，并摇动均匀。

（5）将白醋从水杯中迅速倒入反应容器（窄口瓶）中，可看到有大量白色泡沫状物质喷发出来。

3）注意事项

（1）反应容器需要选用窄口容器，瓶口越窄，实验现象越明显。
（2）在配置溶液时，一定要将白醋和小苏打溶液分开配置，最后再把二者混合。
（3）可以向小象牙膏中加入颜料，制作彩色的小象牙膏哦！

5.4.3 想一想

（1）为何要选择窄口容器呢？用宽口容器又会有什么样的实验现象呢？
（2）如何调整各种试剂的使用量，让小象牙膏喷得更高呢？
（3）可以用别的试剂组合来代替小苏打和白醋的试剂组合吗？

5.4.4 实验记录

把你的实验现象记录下来，与家人朋友分享吧！

6 显色反应

　　大自然是最有创意的调色大师，它为我们描绘了五彩斑斓的四季风景。不同的物质会呈现不同的颜色，你总能在生活中发现不同的色彩组合。

　　你见过同一株植株开出不同颜色的花吗？你听说过"蓝色"的土豆吗？走进显色反应，让我们一起见证不一样的色彩！

显色反应
实验记录

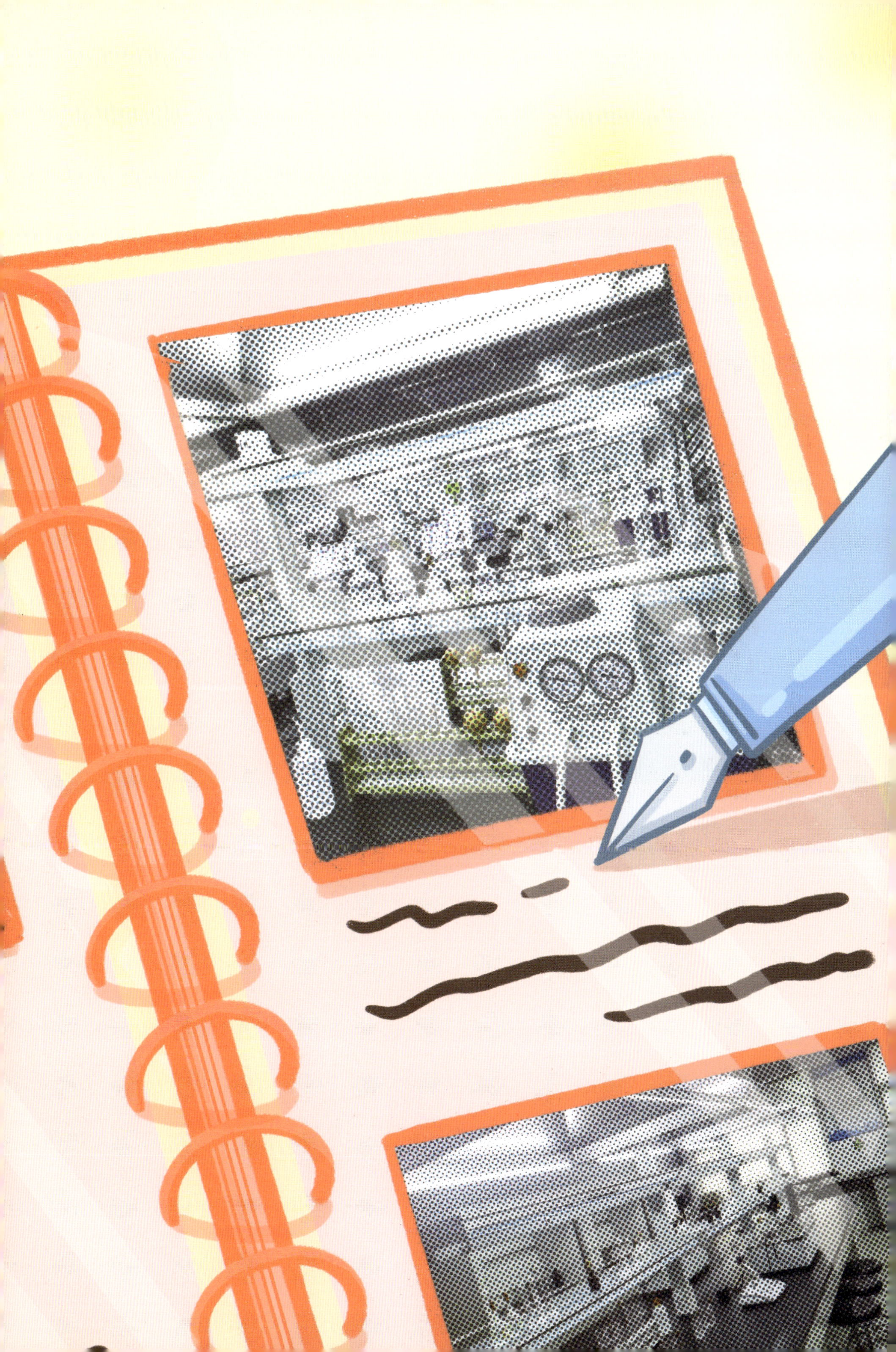

6.1 自制酸碱指示剂

难度系数：★★☆☆☆

紫甘蓝为什么会变色呢？

6.1.1 看一看

实验原理

紫甘蓝中含有大量花青素，花青素遇酸性溶液呈红色、遇碱性溶液呈蓝色，所以紫甘蓝汁可以作为一种酸碱指示剂。

你知道吗？

花青素是自然界一类广泛存在于植物中的水溶性天然色素。它是植物花瓣的主要显色物质。水果、蔬菜、花卉等五彩缤纷的颜色大部分与花青素有关。在不同的酸碱条件下，花青素呈现不同的颜色，也赋予了植物不同的颜色。

6.1.2 做一做

1）你要准备

紫甘蓝 1 棵
（紫色包菜）

清水

白醋
（约 50 毫升）

小苏打约 30 克
（碳酸氢钠）

塑料杯 3 个以上
（透明的杯子能够观察到更好的效果哟）

榨汁机

2）操作步骤

（1）取几片紫甘蓝叶片，用榨汁机榨取紫甘蓝汁约 200 毫升。

（2）过滤紫甘蓝汁，弃去滤渣，保留滤液。

（3）把滤汁水均分为3份，倒入3个透明塑料杯中。

（4）分别向3份溶液中加入适量的白醋、小苏打、清水。

（5）搅拌均匀，仔细观察每一个杯子中溶液的颜色。

3）注意事项

（1）紫甘蓝叶子最好取颜色较深的部分，这样能够得到更加明显的实验现象。
（2）为了避免颜色干扰，尽量选用白醋，不能使用有颜色的食醋。

6.1.3 想一想

（1）如果向自制指示剂溶液中加入柠檬汁、苏打水、可乐、雪碧或洗衣粉等别的试剂，溶液会变成什么颜色呢？能否做出七彩的颜色呢？

（2）可以尝试用其他含有花青素的蔬菜或水果来代替紫甘蓝，对比溶液变色的效果；并思考哪种蔬菜或水果的花青素含量更高呢？

6.1.4 实验记录

把你的实验现象记录下来，与家人朋友分享吧！

6.2 会变色的花

难度系数：★★☆☆☆

一种花开出不同的颜色？

6.2.1 看一看

实验原理

带颜色的花朵都含有花青素，因此在不同的酸碱度下会呈现出不同的颜色。

你知道吗？

自然界的花儿不仅形态各异，颜色也五彩缤纷。那么，鲜花为什么会有各种颜色呢？原来，花瓣中含有各种色素，正是因为这些色素，才形成了花儿的五颜六色。

花青素分布在细胞的液泡内，可以起到控制花颜色的作用，使之呈现出粉红色、红色、紫色及蓝色等颜色变化。花青素在不同的环境下，会形成不同的颜色。在酸性溶液中，它呈现红色，酸性愈强，颜色愈红，比如一串红等。在碱性溶液中，它呈现蓝色，碱性较强，会成为蓝黑色，如墨菊、黑牡丹等。而当它处于中性环境的时候，则是紫色，比如桔梗花等。

6.2.2 做一做

1) 你要准备

新鲜天竺葵花（或其他颜色鲜艳的花）　　白醋　　小苏打　　乙醇（浓度75%）

2) 操作步骤

（1）将50克新鲜花瓣放入碗中。

（2）在碗中加入100毫升的乙醇（浓度75%），将花瓣捣碎。

（3）将固体部分滤除，保留溶液，将溶液均匀地分成3份。

（4）分别向3份溶液中加入适量白醋、小苏打和清水。

（5）搅拌均匀，仔细观察每一个杯子中溶液液体的颜色。

3）注意事项

（1）花瓣最好取颜色较深的。
（2）为了避免颜色干扰，尽量选用白醋，不能使用有颜色的食醋哟。

6.2.3 想一想

（1）可以准备不同种类的花朵，如天竺葵花、月季或玫瑰等；观察用不同类别的花朵进行实验会有什么不同的现象呢？
（2）如果实验材料捣碎之后溶液颜色不够明显，有什么方法能够让颜色的区分更加清晰呢？

6.2.4 实验记录

把你的实验现象记录下来,与家人朋友分享吧!

6.3 "蓝"土豆

难度系数：★☆☆☆☆

土豆为什么变蓝了呢？

6.3.1 看一看

实验原理

土豆的主要成分是淀粉。碘伏中含有单质碘。当淀粉遇到单质碘会变成蓝色。

6.3.2 做一做

1）你要准备

土豆 　　碘伏 　　医用棉签

2）操作步骤

（1）切下一小片土豆。

（2）用棉签蘸取碘伏，涂抹在土豆表面。

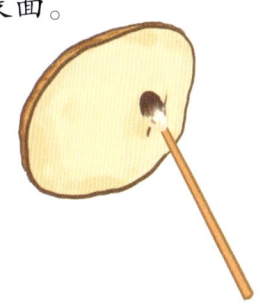

（3）稍等片刻，用自来水冲洗掉土豆表面残留的碘伏。

3）注意事项

本实验中土豆也可以用馒头代替。

6.3.3 想一想

（1）可以尝试将土豆雕刻成不同的形状，然后用碘伏为其上色。
（2）淀粉遇碘变蓝的性质有什么具体的用途？

6.3.4 实验记录

把你的实验现象记录下来，与家人朋友分享吧！

6.4 "善变"的字

难度系数：★☆☆☆☆

制作一封"加密信"吧！

6.4.1 看一看

实验原理

淀粉遇到碘单质时会出现显色反应，直链淀粉遇碘呈蓝色，支链淀粉遇碘呈紫红色，糊精遇碘呈蓝紫、紫、橙等颜色。

（1）如果把葡萄糖分子看成是这样的六边形小颗粒。

（2）用化学链把它们连起来，就变成了淀粉。

（3）如果葡萄糖排成一条长线无分叉，就叫直链淀粉。

（4）如果它们交叉排列类似树杈，就叫支链淀粉。

你知道吗?

淀粉是一种植物多糖,由几百到几千个葡萄糖单体脱水缩合而成。它通常由直链淀粉和支链淀粉这两个部分组成。淀粉与碘之所以会产生呈色反应,是由于碘分子进入淀粉的螺旋圈内,形成淀粉碘络合物的原因。至于呈现出什么颜色则与淀粉糖链的长度有关。当链长小于 6 个葡萄糖基时,则不会呈色;当链长平均长度为 20 个葡萄糖基时,则会呈红色;当大于 60 个葡萄糖基时,则呈蓝色。

6.4.2 做一做

1) 你要准备

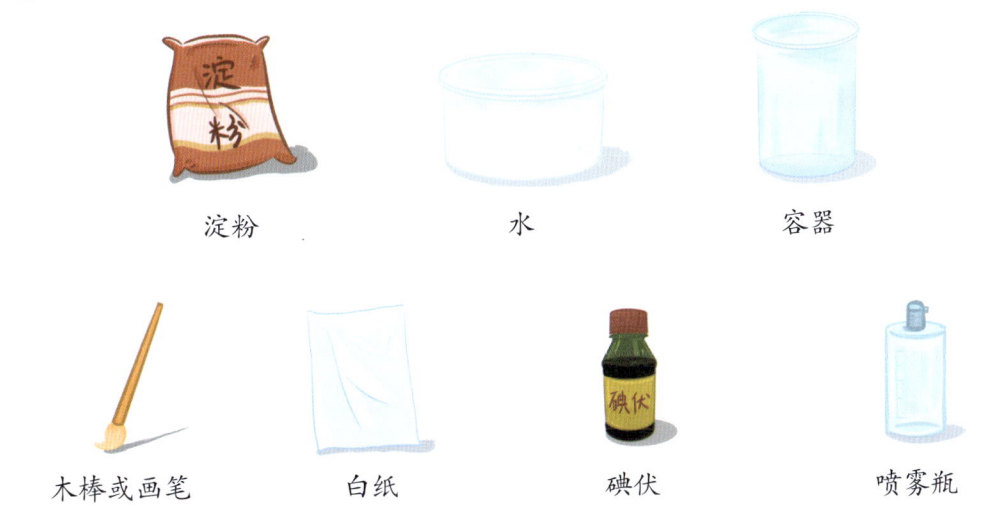

淀粉　　　　水　　　　容器

木棒或画笔　　白纸　　碘伏　　喷雾瓶

2) 操作步骤

(1) 向容器中加入少量淀粉(约 5 克)。

（2）加入相当于淀粉量3～4倍的水（15～20毫升），搅拌均匀。

（3）用画笔或木棒蘸取搅拌均匀的淀粉溶液，在白纸上写字并晾干。

（4）向喷雾器中加入约10毫升水，并滴入5～6滴碘伏。

10毫升水

5～6滴碘伏

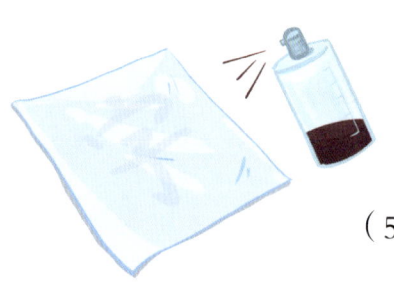

（5）待白纸上的字体晾干之后，平铺，用喷雾器向纸上均匀喷洒碘伏溶液，发现纸上之前写的文字会显示出来；在阳光下放置一段时间后，纸上的文字会再次消失。

3） 注意事项

在实验现象出现后，应尽快观察记录实验现象。

6.4.3 想一想

（1）用这种变色原理，试试对普通的书信的书写进行"加密"处理。

（2）为什么放置一段时间之后，字体重新变为白色？

6.4.4 实验记录

把你的实验现象记录下来，与家人朋友分享吧！

7 氧化还原反应

在我们的生活中，氧化还原反应无处不在，如火柴的燃烧、金属的腐蚀、电池的充放电等。氧化还原反应可以分为氧化反应和还原反应两部分，两者可以比喻为阴阳之间相互依靠、转化、消长且互相对立的关系。氧化还原反应的存在，使我们的世界愈加丰富多彩。接下来的一组实验，展示了氧化还原反应的无限魅力。

7.1 食物中的维生素C 难度系数：★☆☆☆☆

是什么让碘伏褪色了呢？

7.1.1 看一看

碘分子　　维生素C

实验原理

碘伏中的碘分子具有强的氧化性，而新鲜蔬果中的维生素C则具有还原性。两者相遇可以发生氧化还原反应，使碘伏由棕色褪为无色。用这种方法可以判断某物质中是否含有维生素C。

你知道吗？

维生素C是非常重要的营养物质，旧称抗坏血酸，是一种含有6个碳原子的酸性多羟基化合物，提纯情况下，一般为白色或略带黄色。大约在400年前，人们发现了坏血病：在远洋航海途中，海员因膳食中缺少绿色蔬菜和鲜果而常患这种疾病。公元1593年，有人曾记述过因坏血病而死亡的海员超过了1万人。公元1601年，英国人詹姆斯·兰卡斯特在远洋船上首先采用橘子、柠檬治疗坏血病，获得成功。人们从此找到了对抗坏血病的方法，解决了威胁船员生命健康的大问题。

7.1.2 做一做

1）你要准备

两个杯子 　　　　碘伏约20毫升　　　　清水

一个柠檬 　　　　水果刀 　　　　滴管

2）操作步骤

（1）切开柠檬。

（2）将柠檬汁挤入一个空杯中。

（3）在另一个空杯中装入约200毫升清水，倒入约20毫升碘伏，摇动搅拌均匀。

200毫升清水　　　　　　　　20毫升碘伏

（4）往碘伏水溶液中持续倒入柠
　　　檬汁，观察现象。

（5）碘伏的棕黄色变浅甚至变为淡黄色。
　　　（接近柠檬汁本身的颜色）

3）注意事项

　　碘伏不可过量，否则维生素C无法完全还原碘伏，难以观察到变色现象。

7.1.3 想一想

（1）不同水果的维生素 C 含量一样吗？如何比较各水果中维生素 C 含量的多少呢？

（2）除了维生素 C，水果中还含有哪些重要的营养物质呢？

7.1.4 实验记录

把你的实验现象记录下来，与家人朋友分享吧！

7.2 "流血"的铁心

难度系数：★★★☆☆

铁心为什么也会"流血"？

⚠️ 盐酸、过氧化氢等物质具有腐蚀性，使用时注意安全！

7.2.1 看一看

实验原理

铁与稀盐酸反应生成氯化亚铁，其中铁为二价亚铁离子。当向其中加入过氧化氢溶液后，过氧化氢能将二价亚铁离子氧化为三价铁离子。当再加入硫氰化钾溶液时，其中的硫氰根离子能与三价铁离子配位形成血红色的硫氰化铁。

7.2.2 做一做

1）你要准备

| 铁丝 | 稀盐酸（3摩尔/升） |  过氧化氢（30%） | 硫氰化钾试剂 | 烧杯 |

2）操作步骤

（1）先用砂纸打磨久置的铁丝除去表面的氧化层，并将打磨好的铁丝弯成心形。

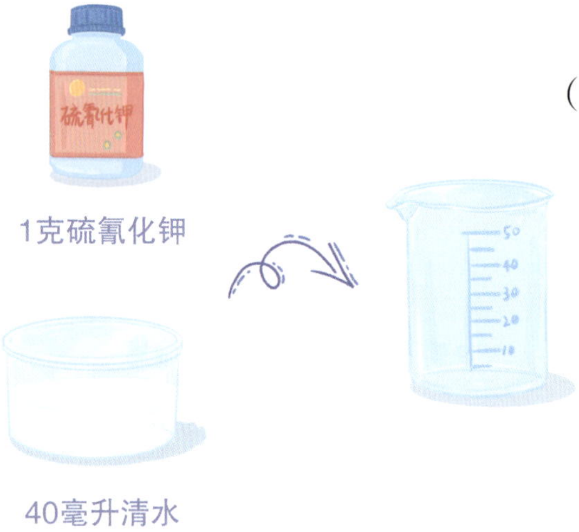

（2）取1克的硫氰化钾加入40毫升水配成溶液。

1克硫氰化钾

40毫升清水

（3）一边不断搅拌一边向溶液中加入3毫升稀盐酸，调节溶液的pH值在2左右。

（4）向溶液中加入5毫升的过氧化氢溶液，搅拌均匀。

（5）将铁丝放在玻璃器皿中，倒入配好的溶液，观察现象。

3）注意事项

（1）盐酸和过氧化氢具有腐蚀性，应小心使用。
（2）过氧化氢不宜加入过多，防止反应过于剧烈。
（3）此实验应在通风处进行。

7.2.3 想一想

如果把铁丝换成其他金属，会出现"流血"的现象吗？如果不能，可以换用其他试剂，使金属产生颜色反应吗？

7.2.4 实验记录

把你的实验现象记录下来,与家人朋友分享吧!

7.3 碘钟反应

难度系数：★★★★☆

神奇的变色魔法！

7.3.1 看一看

实验原理

碘钟反应是一种化学振荡反应，其实质是氧化剂和还原剂的拉锯战，氧化剂将碘离子氧化为单质形态，此时碘与淀粉结合就变成蓝色，而当还原剂将碘单质还原为碘离子后，溶液变为无色。如此循环往复，就形成了碘钟反应。

7.3.2 做一做

1）你要准备

- 27% 过氧化氢溶液
- 硫酸锰 
- 丙二酸 
- 碘酸钾 
- 可溶性淀粉 
- 1 摩尔/升的硫酸 
- 烧杯 
- 锥形瓶

2) 操作步骤

（1）溶液1：量取97毫升的过氧化氢溶液，加入蒸馏水稀释至250毫升，得到溶液1。

27%过氧化氢溶液

溶液1

蒸馏水

（2）溶液2：分别称取3.9克丙二酸和0.76克硫酸锰，分别溶于适量水中。称取0.075克可溶性淀粉溶于50毫升左右沸水中。把三者混合，并加入蒸馏水稀释到250毫升，得到溶液2。

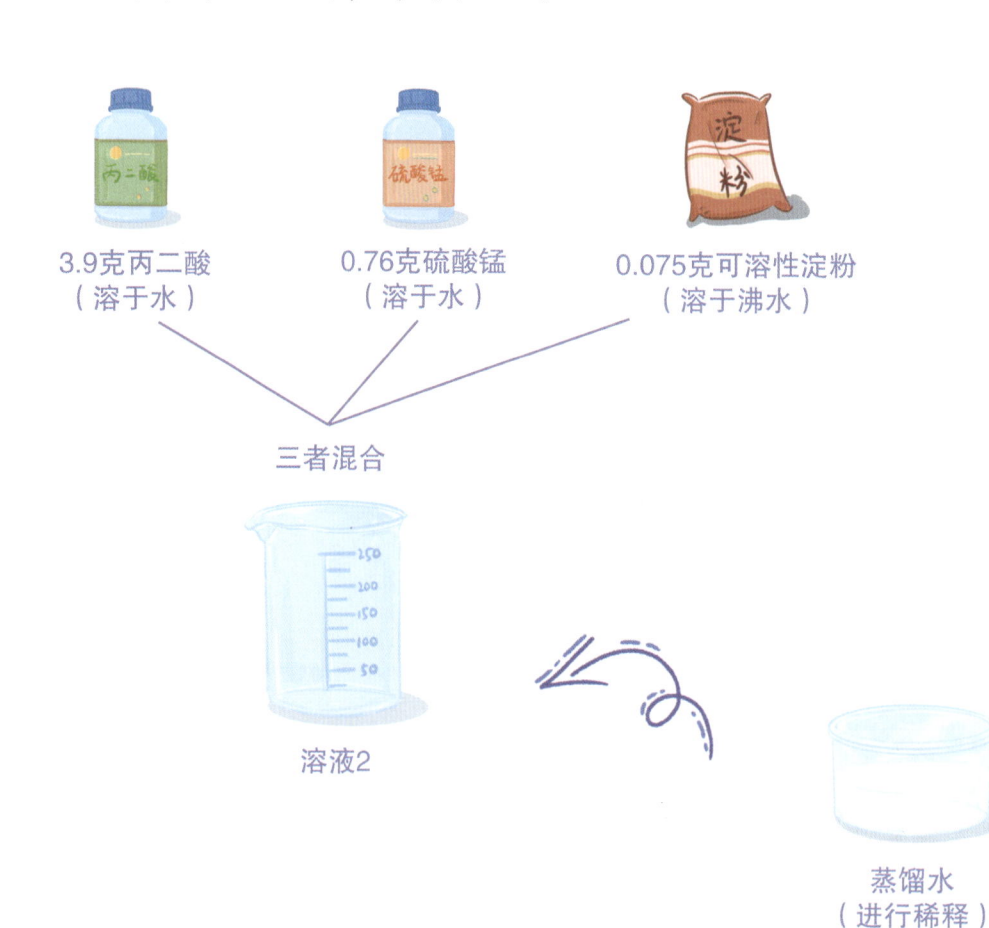

3.9克丙二酸（溶于水）　　0.76克硫酸锰（溶于水）　　0.075克可溶性淀粉（溶于沸水）

三者混合

溶液2

蒸馏水（进行稀释）

（3）溶液3：称取10.75克碘酸钾溶于适量热水中，加入20毫升硫酸溶液酸化，再加入蒸馏水稀释到250毫升，得到溶液3。

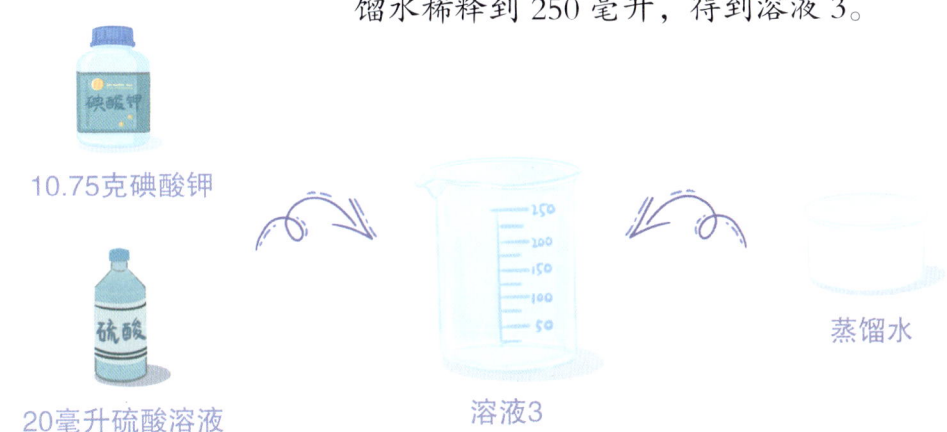

10.75克碘酸钾

20毫升硫酸溶液

溶液3

蒸馏水

（4）将3组溶液以等体积的比例混合在锥形瓶中。混合后，反应液由无色变为蓝紫色，几秒后褪为无色，接着又变为蓝紫色，几秒后又消失，这样周而复始地呈周期性变化。这种振荡反应，又叫"碘钟反应"。

瓶中颜色呈周期性变化

3）注意事项

（1）碘钟反应速率与温度有关，溶液3会随室温降低，碘酸钾以晶体形式析出，微热又溶解。

（2）溶液1不宜放置太久，否则过氧化氢会分解失效而导致实验失败。

（3）使用硫酸溶液需要小心，避免接触皮肤表面。

7.3.3 想一想

碘钟反应可以有什么实际应用呢?

7.3.4 实验记录

把你的实验现象记录下来,与家人朋友分享吧!

7.4 蓝瓶子实验

难度系数：★★★☆☆

长知识了，
摇一摇就变色！

7.4.1 看一看

实验原理

亚甲基蓝是一种暗绿色晶体，溶于水和乙醇，在碱性溶液中，蓝色亚甲基蓝很容易被葡萄糖还原为无色的还原态亚甲基蓝。振荡此无色溶液时，溶液与空气接触面积增大，溶液中氧气溶解量就增多，氧气把还原态亚甲基蓝氧化为亚甲基蓝，溶液又呈蓝色。

7.4.2 做一做

1) 你要准备

0.1% 的亚甲基蓝溶液 　　30% 氢氧化钠溶液 　　葡萄糖　　锥形瓶

2）操作步骤

（1）向锥形瓶中加入50毫升水，1.5克葡萄糖，逐滴滴入8～10滴亚甲基蓝溶液，振荡至溶液呈蓝色。

50毫升水

1.5克葡萄糖

8～10滴亚甲基蓝溶液

（2）加入2毫升30%氢氧化钠溶液，振荡并静置锥形瓶，观察到溶液变为无色。

（3）再振荡锥形瓶至溶液变蓝，又静置锥形瓶，记录连续两次变化的周期。

3） 注意事项

（1）氢氧化钠有腐蚀性，小心使用。
（2）氢氧化钠的用量不能太多。
（3）混合液静置较长时间后会变成金黄色而失效。

7.4.3 想一想

（1）请你回忆一下生活中有没有类似的现象呢？
（2）我们可以利用这一现象做什么呢？

7.4.4 实验记录

把你的实验现象记录下来，与家人朋友分享吧！

后记

  本书是一本关于生活中的趣味科学实验的科普读物，主要面向中小学生，介绍了一些生活中趣味科学实验的实验原理、操作步骤和实验现象等内容，旨在和同学们一起探访奇妙的科学世界。

  在《点亮科学梦想》系列丛书中，《趣味科学实验》的实验内容贴近生活、现象有趣。开展相关内容学习时，可以在本书的指导下按照既定的实验步骤进行操作，也可在实验进行过程中，充分利用身边的材料进行创新设计，发现实验过程中存在的问题，并思考这些简单的科学实验所蕴含的实验原理，以及在生活中的运用。在北航大学生科技志愿服务队开展科学实验的教学过程中，中小学的同学们总是充满着热情和快乐，正是同学们脸上的喜悦和对实验的深入思考，带给了我们极大的信心。我们相信，通过这些有趣的实验体验，能够带给同学们思考生活、动手实践、设计实验、探寻本质的科学思维，激起他们心中创意思维的火花，提高他们对未知世界的好奇心和探索能力。

  在编写本书的过程中，北航大学生科技志愿服务队历届"趣味科学实验"备课小组的成员们都付出了辛勤的劳动。第1章、第2章、第3章由土燕杰编写整理，第4章、第5章由刘栖熙编写整理，第6章、第7章由林龙云编写整理，朱英老师负责全书的总体设计、统稿、修订，以及版式设计、美术创作的审核工作。还有很多志愿者也为本书的出版提供了帮助，在这里一并向他们表示感谢。

  在这里，我们要特别感谢北京航空航天大学新媒体艺术与设计学院的叶强老师和王硕老师对本书在版式设计和美术创作方面的策划与指导。同时，我们要感谢本书的美绘与排编闫兴洁同学，她对待这项工作的认真、严谨令我们感动。当我们将文字稿交给闫兴洁同学不久后，我们就看到了手绘版初稿，我们被那超出预期的效果惊艳了，理论性的科学表述配上灵动的绘图会带来如此大的变化！我们无比地期待此书的面世，期待着能够将这份科学与美术结合的作品，带给更多的读者。

在本书的写作过程中得到了很多同事和朋友们的支持、帮助与鼓励！志愿队的董卓宁老师、闵敏老师对本书的成稿给予了很多指导和帮助。山西省吕梁市中阳县阳坡塔学校的郭耀峰校长、王永照老师和闫安老师对我们的工作给予了十分重要的支持。在本书出版之际，作者愿借此机会，衷心感谢所有支持和帮助我们的领导、老师和同学们！

由于作者的水平有限，书中难免存在缺点与错误，敬请读者批评指正。